下冊

孩子必讀的成語故事

畫說經典

書香版業圖書工作室／編

中華教育

目錄

漢語是我們的母語。學好漢語要從學好詞語開始，

而成語是詞語中的精華，是優秀的學習內容和範本。

學好成語能為語言文化知識的學習打下良好的基礎。

一目十行

百發百中

天道酬勤

後起之秀

一言九鼎

世外桃源

亡羊補牢

如魚得水

開始！

摩肩接踵

❶春秋時期的晏嬰不僅是一位政治家、思想家,也是位外交家。人們都稱他為晏子。

這個矮子……

❷有一年,齊王派晏子出使楚國。楚國人都知道晏子身材矮小,心裏很瞧不起他。

出使狗國的人才從狗洞進去。

對不起,請從側門進!

❸楚國人在大門旁開了一個小洞請晏子進城,晏子不進去。

齊國街上行人肩膀靠肩膀,腳尖碰腳跟,怎會沒人?

❹晏子拜見楚王,楚王又故意嘲諷他,說齊國沒人可派才派他來。

我最不賢能所以被派來楚國。

⑤楚王哪還敢小看晏子，連忙命人隆重接待他。

「摩肩接踵」出自《晏子春秋·內篇·雜下》。摩：摩擦；踵：腳後跟。這個成語的意思是人們走路時肩膀挨着肩膀，腳尖碰着腳跟，形容人多擁擠。

知識積累

掛羊頭賣狗肉

齊靈公喜歡讓宮裏的女人穿男人的衣服，於是老百姓們也都那樣穿。後來，這種情形無法制止，齊靈公只好找晏子來幫忙。晏子說：「您的這個做法就好像門上掛着羊頭，而在門內賣狗肉一樣，只要你命令宮內的女人不那樣穿就可以了呀！」齊靈公照他的話做了，過了一個月，齊國沒有人再那樣穿了。

內助之賢

① 春秋時期，齊國的宰相晏嬰因為很有才幹而名聞諸侯。

② 有一天，晏嬰要出門辦事。車夫駕車載着晏嬰得意揚揚地經過自家門口。

請替我備好馬車。

你只是車夫，卻如此驕傲。

真替你難為情。

多虧我妻子及時指出我的不足！

③ 車夫的妻子看見了這一幕，等車夫回家時就責怪他，讓他向謙虛的晏嬰學習。

④ 從此以後，車夫變得謙虛起來。晏嬰覺得很奇怪，車夫就把妻子的話告訴了他。

❺晏嬰見他知錯能改，認為他是個值得提拔的人，於是推薦他當了大夫。車夫妻子的高貴品格也被人們稱讚。

「內助之賢」出自元朝脫脫、阿魯圖等人所著的《宋史·后妃傳上·序》。這個成語的意思是妻子能夠幫助丈夫，使丈夫的事業、品格等方面得到發展。

知識積累

跟「賢」有關的成語

招賢納士：賢，有德有才的人；納，接受；士，指讀書人。招收賢士，接納書生，比喻網羅人才。

賢妻良母：丈夫的好妻子，孩子的好母親。

求賢若渴：用像口渴極了想喝水那樣迫切的心情，來訪求賢士，形容迫切需要人才。

你還知道哪些跟「賢」有關的成語呢？

嘔心瀝血

這個孩子了不起！

❶唐朝有個著名的詩人叫李賀。他七歲就開始寫詩、做文章。

我要爭取在詩歌上有所作為。

❷因為沒有得到朝廷的重用，李賀把精力都放在詩歌創作上。

❸李賀注重實地考察。每次外出，他都會讓書童背一個袋子，把他想出的好詩隨時記下來。

你這是要把心嘔出來才罷休啊！

❹李賀的身體很弱，他把心血都凝結在寫詩上，這讓母親看了非常心疼。

❺李賀只活了二十六歲，可他為人們留下了二百四十餘首詩。這些詩都是寶貴的財富。

「嘔心瀝血」中的「嘔心」出自北宋歐陽修等人所著的《新唐書‧李賀傳》；「瀝血」出自唐朝韓愈的《歸彭城》。嘔：吐；瀝：一滴一滴地往下滴。這個成語用來比喻用盡心思。

知識積累

李賀寫詩

　　李賀酷愛寫詩著文。據說天一亮，他就背上一隻舊錦袋，騎着毛驢到郊外去尋找素材。他一邊走，一邊細心觀察、認真思考，每有所得就記下來放進錦袋。晚上回家後，他掏出那些寫滿詩句的紙片，伏在燈下精心整理。於是，一首首優美的詩就誕生了。

拋磚引玉

❶唐朝有一個叫趙嘏的人，他的詩寫得非常好。當時還有一個叫常建的人，詩寫得也不錯。

我還是比不上趙嘏啊！

怎麼讓趙嘏留下詩？

❷有一次，常建聽說趙嘏要來蘇州遊玩，他覺得這是向趙嘏討教的好機會。

我就去寺院牆上留半首詩。

❸常建想到，趙嘏來蘇州一定不會錯過靈巖寺這個地方。

清晨入古寺
初日照高林

這首詩怎麼不全啊？

❹後來趙嘏果真來到了靈巖寺，他看見牆上那半首詩後，提筆補上了後兩句。

真是絕了！

⑤常建心滿意足，他用自己的詩句換來了趙嘏的精彩詩句。

「拋磚引玉」出自北宋釋道原的《景德傳燈錄》。這個成語的意思是拋出磚頭，引來白玉。比喻用粗淺、不成熟的觀點或文章來引出別人高明、成熟的意見或文章。這是一種自謙的說法。

知識積累

詞語天天學

近義詞 —— 引玉之磚

造句示例

・我這篇文章果然起到了拋磚引玉的作用，引起各界對這個問題的熱烈探討。

起死回生

❶秦越人是戰國時期的名醫，人們都用古代神醫「扁鵲」的名字來稱呼他。

聽說太子剛去世了，好可憐呀！

❷有一次，扁鵲在虢國行醫，聽說虢國太子得了暴病剛剛去世。

請允許我細細查看。

啊？

❸扁鵲聽了連忙趕往王宮，請求給太子做檢查。

太子還能活過來。

❹大臣把扁鵲領到太子床前，扁鵲發現太子還有微弱的呼吸，脈搏有輕微的跳動。

您能把死人救活！

其實太子本就沒有死。

⑤扁鵲為太子扎針、熱敷，又開了藥方。後來，太子恢復了健康。

「起死回生」出自西漢司馬遷的《史記·扁鵲倉公列傳》。這個成語的意思是把快要死的人救活。比喻醫術高明，也比喻把已經沒有希望的事物挽救過來。

知識積累

詞語天天學

近義詞 —— 妙手回春、絕處逢生
反義詞 —— 無可救藥

造句示例

·李明提出一個非同尋常的建議，使他們瀕臨倒閉的工廠起死回生。

黔驢技窮

❶很久以前，黔地沒有驢。有一個人運了一頭驢來，放在山腳下。

這是甚麼怪物的叫聲？

❷老虎沒見過驢，只敢躲在樹林裏偷偷看牠。驢一叫，老虎十分害怕。

我要試試牠有甚麼本事！

❸老虎觀察了好長一段時間，發現驢子好像沒有甚麼特殊的本領。

啊嗯……

驢的技藝不過如此！

❹老虎偷偷地走到驢子身邊，故意碰了牠一下，驢子生氣地抬起蹄子來踢老虎。

⑤於是，老虎跳起來一聲大吼，張大嘴巴撲向了驢子，把牠吃掉了。

「黔驢技窮」出自唐朝柳宗元的《柳河東集‧黔之驢》。技：技能；窮：盡。這個成語用來比喻有限的一點本領也已經用完了。

知識積累

詞語天天學

近義詞 —— 束手無策、走投無路
反義詞 —— 神通廣大

造句示例

· 他想的那些辦法都沒有解決問題，他嘲笑自己已經到黔驢技窮的地步了。

孺子可教

❶張良是漢朝初期的名臣。一天，他在一座橋上散步，遇見一個穿粗布衣裳的老人。

好的。

請幫我把鞋撿上來。

❷老人故意把一隻鞋扔到橋下，要張良去撿。張良不僅撿了鞋，還恭敬地替老人穿上。

對不起，我來晚了。

五天後你再來吧！

❸老人讓張良在五天後的早上來橋上找他，可到了那天張良發現老人來得比他更早。

努力鑽研這部書，將來必有用。

❹又過了五天，公雞一打鳴，張良就趕到橋上了。老人來了，交給張良一本書。

❺這本書原來是《太公兵法》。張良發奮研讀之後為漢朝的建立立下了汗馬功勞。

「孺子可教」出自西漢司馬遷的《史記·留侯世家》。
孺子：小孩子；教：教誨。這個成語的意思是小孩子
是可以教誨的。比喻年輕人有出息，可以造就。

知識積累

愛讀書的司馬遷

　　一天，快吃晚飯了，父親拿了一本書對司馬遷說：「這幾個月你一直在外面遊歷，沒工夫學習，現在趁飯還沒熟，我教你讀書吧。」司馬遷看了看那本書，說：「這本書我讀過，請父親檢查一下，看我讀得對不對。」說完把書背誦了一遍。父親感到非常奇怪。第二天司馬遷出門時，父親偷偷跟在後邊。司馬遷在路上也不忘記看書背書。父親看了感慨不已。

殺雞嚇猴

❶ 從前，有個賣藝人養了一隻猴子。他們在街頭賣藝。

❷ 小猴子越來越不聽話了，怎麼辦？

猴子為賣藝人賺了不少錢，牠開始驕傲起來。

主人這是要幹啥？

❸ 賣藝人想了一個法子。有一天，他買來一隻公雞，在舞台上對着公雞敲鑼又打鼓。

❹ 公雞聽不懂賣藝人的指令，站在那一動不動，賣藝人一生氣就把公雞給殺了。

表演真賣力！

❺一旁的猴子嚇壞了，從此牠一聽到賣藝人的鑼鼓聲就趕緊表演。

「殺雞嚇猴」出自清朝李伯元的《官場現形記》。傳說猴子怕見血，馴猴的人就殺雞放血來馴服猴子。這個成語用來比喻嚴懲一個犯錯的人，從而警告其他人不要犯錯。

知識積累

詞語天天學

近義詞 ── 以儆效尤、殺一儆百

造句示例

· 這種殺雞嚇猴的方法，對管理那些不自律的人還是很有用的。

殺彘教子

❶春秋時期，魯國有個人叫曾參。一天，他的妻子去趕集，兒子非要跟着一起去。

真有肉吃？

當然。

❷為了不讓兒子跟着，妻子就哄他，趕集回來殺豬給他吃。

你真要殺豬？

不是你答應孩子的嗎？

❸妻子趕集回來了，曾參磨刀準備捉頭豬來殺。妻子連忙上前阻止。

如果我們說話不算數，將來孩子也會言而無信。

好吧。

❹曾參堅持要殺豬，他認為不能跟孩子開玩笑，大人要以身作則，教他學會誠信對人。

❺妻子幫助曾參把豬殺了，兒子吃了豬肉高興極了。

「殺彘教子」出自戰國時期韓非的《韓非子·外諸說左上》。彘：豬。這個成語的意思是殺一頭豬來教育自己的孩子。比喻父母說話算數，不欺騙孩子，給孩子樹立好榜樣。

知識積累

思想家韓非

韓非是戰國末期傑出的思想家、哲學家和散文家。韓非深愛自己的祖國，但他的政治主張並不被韓王重視，而秦王嬴政卻為了得到韓非而出兵攻打韓國。韓非的法家思想為秦王嬴政所重用，並幫助秦國富國強兵，最終統一六國。韓非的思想深邃而又超前，對後世影響深遠。

手不釋卷

❶三國時期，吳國有位大將叫呂蒙，他作戰非常勇猛。

你應該多讀點書。

軍人只要能打勝仗就行！

❷呂蒙小時候家裏窮讀不起書，主公孫權勸他讀些書，增長知識。

去讀些歷史、兵法書吧！

我該讀甚麼書？

❸孫權給呂蒙講述了光武帝劉秀讀起書來捨不得放下，曹操抓緊時間勤奮讀書的故事。

呂蒙進步了。

說話還會旁徵博引呢。

❹呂蒙很受啟發，他聽從了孫權的建議，讀了很多書。

⑤此後，呂蒙堅持不懈地讀書。他更加有勇有謀，從而屢建奇功。

「手不釋卷」出自西晉陳壽的《三國志·吳書·呂蒙傳》裴松之的注文。釋：放下；卷：書籍。這個成語的意思是捨不得放下手裏的書，形容勤奮好學。

知識積累

白衣渡江

　　三國時期發生過一場成功的奇襲戰 —— 白衣渡江。它由吳國的呂蒙和陸遜共同策劃，以對抗鼎鼎有名的大將關羽。

　　呂蒙假裝生病，讓年輕的陸遜接手軍隊事務。關羽沒把陸遜放在眼裏，便放鬆了警惕。一個深夜，吳軍的水手們一律身着便衣假扮商人，大批精兵埋伏進船艙裏。他們謊稱商船要靠岸避風，騙過了關羽率領的蜀兵。隨後吳軍發動突然襲擊奪取了荊州。故事裏的「白衣」不是指白色的衣服，而是指不穿作戰服，身着便服。

天衣無縫

❶古時候，有個叫郭翰的人，他能寫能畫，很有才華。

請問姑娘從何處來？

我是仙女，從天上來。

❷盛夏的一個夜晚，郭翰正在庭院裏乘涼。突然，一位美麗的姑娘從空中飄然而下。

你的衣服怎麼沒有衣縫？

❸郭翰細細打量起眼前的仙女，她的衣服非常精美。

我穿的是天衣。

❹仙女笑了，她告訴郭翰天衣不是用針線縫起來的，自然沒有衣縫。

⑤仙女說完便飛向了天空，留郭翰一個人在那兒發呆。

「天衣無縫」出自五代時期前蜀牛嶠的《靈怪錄·郭翰》。這個成語來自古代神話傳說，原指神話中仙女穿的天衣，不用針線製作，沒有縫兒。後來比喻事物完美自然，渾然一體，沒有破綻。

知識積累

詞語天天學

近義詞 —— 完美無缺、渾然一體
反義詞 —— 漏洞百出、千瘡百孔

造句示例

· 老狼總以為自己設置的陷阱是天衣無縫的。

投筆從戎

❶東漢時期有個胸有大志的青年叫班超。因家境貧寒，班超靠為官府抄公文掙錢養家。

大丈夫應該殺敵報國，建功立業！

❷一天，班超正在抄寫公文。枯燥的生活讓他十分煩悶，他忍不住把筆一扔。

我一定要好好地為國家效力！

❸公元 73 年，大將軍竇固率兵北征，班超毅然參軍。他表現出非凡的軍事才能，被提拔為將軍。

我們要和西域友好往來。

❹後來，班超出使西域，還奉命鎮守西域三十一年，多次平定叛亂。

❺班超為民族友好往來做出了卓越的貢獻，成為卓有功勳的東漢名將。

「投筆從戎」出自南朝宋范曄的《後漢書・班超傳》。投：扔掉；從戎：參軍。這個成語的意思是扔下筆去參軍。比喻棄文從武，投身疆場。

知識積累

跟文具有關的成語

成語裏面還有不少「文具用品」，比如下面這些：

夢筆生花	紙上談兵
磨穿鐵硯	墨守成規
洛陽紙貴	點睛之筆
揮毫潑墨	筆掃千軍

退避三舍

❶春秋時期，晉國內亂，晉獻公的兒子重耳逃到了楚國。

> 假如晉楚兩國發生戰爭，晉軍先退避三舍。

❷楚成王收留了重耳，並熱情地款待他。楚成王想知道重耳會如何報答他。

> 多虧晉文公治理有方！

❸四年後，重耳回到晉國當了國君，成為晉文公。晉國在他的治理下日益強大。

> 晉軍後退一定是害怕了，我們要乘勝追擊。

> 衝啊！

❹公元前 633 年，楚國和晉國發生戰爭。晉文公信守諾言，下令軍隊後退九十里。

❺晉軍利用楚軍驕傲輕敵的弱點，集中兵力大破楚軍，但晉文公沒有乘勝追擊，而是讓楚軍回去了。

「退避三舍」出自春秋時期左丘明的《左傳·僖公二十三年》。舍：古時候行軍計程以三十里為一舍。這個成語的意思是主動退讓九十里。比喻主動退讓和迴避，避免衝突。

知識積累

詞語天天學

近義詞 —— 委曲求全
反義詞 —— 針鋒相對、鋒芒畢露

造句示例

· 戰爭尚未開始，我們就退避三舍，豈不是滅了自己的威風。

亡羊補牢

你這是迷惑人心！

要不請讓我離開楚國。

❶戰國時期，楚襄王不問國事，重用奸臣，楚國的實力日漸衰弱。

❷莊辛是個正直的大臣，他勸告楚襄王，這樣下去楚國會滅亡的。可是這一點用也沒有。

是！

來人！把莊辛給我召回來！

❸五個月後，秦國攻佔了楚國的國都，楚襄王逃走了。他這才想起莊辛。

現在該怎麼辦呢？

丟了羊再去修羊圈，還不算太晚。

❹楚襄王看到莊辛慚愧不已，後悔沒聽莊辛的勸告。

莊辛說得有道理！

❺楚襄王發憤圖強，精心治理國家，楚國收復了不少國土。

「亡羊補牢」出自西漢劉向等人所著的《戰國策·楚策四》。亡：丟失；牢：牲口圈。這個成語的意思是丟了羊再去修補羊圈，還不算太晚。比喻出了問題後想辦法補救，免得以後再受損失。

知識積累

詞語天天學

近義詞 —— 知錯就改、迷途知返
反義詞 —— 執迷不悟、不知悔改

造句示例

· 事情已經這樣了，但如果能亡羊補牢，你還是會有機會成功的。

誤筆成蠅

❶三國時期，有位大畫家叫曹不興，他的畫栩栩如生，很受人們喜愛。

曹大師準備畫甚麼？

❷這天，宮中新添了一架屏風。曹不興被請來在屏風的白絹上作畫。

我有主意了！

❸曹不興剛拿起畫筆，不小心將一小點墨汁掉在雪白的絹上。

蒼蠅看起來就像真的一樣啊！

❹不一會兒，一隻栩栩如生的蒼蠅出現在白絹上。

曹大師果然名不虛傳啊!

❺ 主公來視察時,發現畫上有隻蒼蠅,伸手趕卻趕不走,這才發現蒼蠅是畫上去的。

「誤筆成蠅」出自西晉陳壽的《三國志‧吳書‧趙達傳》。這個成語用來比喻繪畫技藝高超,明明是誤筆留下墨跡,卻變成了畫上的一隻蒼蠅。

知識積累

龍畫求雨

有一次,曹不興陪孫權在清溪遊玩,突然看到一條赤龍從天而降,在湖面上遊走。曹不興立刻把龍的形象畫了下來,孫權非常喜歡這幅畫,便把它珍藏了起來。據說宋文帝時期,有一回一連幾個月沒下一滴雨,田地乾裂,莊稼焦枯。有一個人取來曹不興畫的龍放在水旁,沒多久,天空就雷聲隆隆,然後下起了傾盆大雨。雖然這只是個巧合,可是人們卻把曹不興畫的龍當真龍一樣崇拜。

一諾千金

❶秦朝末年，有個叫季布的人個性耿直，誠實守信，大家都很尊重他。

抓到季布有賞。

❷因為季布曾在項羽手下當將領，所以劉邦當上皇帝後便下令抓住季布。

那就赦免季布吧！

❸後來，有人以季布俠義賢能之名勸劉邦赦免了季布，並給季布封了官爵。

得黃金百斤，不如得季布一諾。

❹一天，季布的同鄉曹丘生聞名來拜訪他。其間他說了這一句話。

由於我的宣揚，您的名字為天下人皆知。

❺季布聽了非常高興，把曹丘生當作上賓來招待。

「一諾千金」出自西漢司馬遷的《史記·季布欒布列傳》。諾：承諾。這個成語的意思是許下的一個諾言有千金的價值。比喻說話算數，有信用。

知識積累

《史記》介紹

《史記》是中國歷史上第一部紀傳體通史。

《史記》對古代的小說、戲劇、傳記文學、散文等有廣泛而深遠的影響。後代的小說、戲劇中所出現的帝王、英雄、俠客等人物形象，有不少是從《史記》故事裏演化而來的。

一言九鼎

①戰國時期，秦國的軍隊包圍了趙國的都城邯鄲，趙國派平原君去楚國求援。

快向楚國請求救援！

好的

②平原君挑了十九個人同行，這時毛遂自告奮勇來報名。

你有把握說服楚王嗎？

我願意試試！

③平原君一行人來到楚國，與楚王談了半天也毫無結果。

懇請楚王立即出兵！

不急！不急！

④毛遂站了出來，他為楚王分析時局，說明利害關係。楚王聽得心服口服。

如果聯合，就能克服我們各自的弱勢。

你說得對。

毛遂一到楚國，趙國的地位就像九鼎那麼重要。

❺平原君稱讚毛遂，他的三寸不爛之舌比百萬軍隊的力量還強大。

「一言九鼎」出自西漢司馬遷的《史記・平原君列傳》。

九鼎：古代象徵國家政權的傳國之寶。這個成語用來形容說話很有分量，有時也用來表示說到做到。

知識積累

詞語天天學

近義詞 —— 一字千鈞、金口玉言

反義詞 —— 人微言輕

猜歇後語：皇帝爺開金口 ——（　　　　　）

答案：一言九鼎

一葉障目

我也要用樹葉隱藏自己。

❶從前，楚國有個書呆子，他從書上知道螳螂可以用樹葉隱蔽自己。

你看得見我嗎？

看得見。

❷這天，書呆子從樹林裏撿回來很多樹葉，一片一片地取出遮住自己的眼睛。

你還看得見我嗎？

哎呀，看不見啦！

❸書呆子不甘心，繼續尋找樹葉反復問妻子。妻子煩透了，隨口哄了他。

小偷！

唉，怎麼我沒有隱身呢？

❹書呆子信以為真地來到街上，用樹葉擋住自己的眼睛，拿了人家的東西就走。

真是一葉障目，
不見泰山。

⑤書呆子垂頭喪氣地跟着店主去了官府，這時他後悔也沒用了。

「一葉障目」出自三國時期邯鄲淳的《笑林》。障：遮；目：眼睛。這個成語的意思是眼睛被一片樹葉擋住，看不到事物的全貌。比喻不能夠認清事物根本，以偏概全。

知識積累

詞語天天學

近義詞 —— 盲人摸象、以偏概全
反義詞 —— 明察秋毫、洞若觀火

造句示例

· 處理事情時我們不能一葉障目，尤其是面對重要問題時，我們必須要多方面考慮。

一字之師

❶晚唐時期，有一個僧人叫齊己，他喜歡寫詩，也有些小名氣。

請您過目！

❷他聽說鄭谷是個有名的詩人，於是他帶着自己的詩作去請教。

❸齊己覺得自己的《早梅》寫得不錯，所以特地拿出來請鄭谷指點。

把「數枝」改為「一枝」吧。

❹鄭谷覺得既然是「早梅」，應該突出「早」字，已經有好些梅花開放就不算早了。

改得好！您真是好老師啊！

❺鄭谷的這一改動使這首詩更加貼合題意，韻味無窮。齊己佩服不已。

「一字之師」出自北宋陶嶽的《五代史補》。師：老師。這個成語的意思是某些詩文，因改動一個字後，變得更加精簡完美，改動字的人就稱為「一字之師」。

知識積累

以「一」字開頭的成語

一字千金　一鼓作氣　一言九鼎　一心一意

以「師」字開頭的成語

師出有名　師心自用　師直為壯　師出無名
你還知道同類的哪些成語呢？

遊刃有餘

① 戰國時期，有一個叫庖丁的廚師替梁惠王宰牛。

② 庖丁的技術非常嫻熟，他不但動作快，下刀剝皮剔骨也很有節奏。

真厲害！

我已經把牛的結構記在心裏了。

③ 梁惠王看了連聲讚好。庖丁卻說自己根本不需要用眼睛看。

我順着牛的關節、經絡下刀，自然很熟悉了。

④ 庖丁拿出他的刀，這把刀十九年來宰了幾千頭牛，但因為庖丁技術嫻熟，一點都沒磨損。

聽了你的這番話，我懂了。

⑤梁惠王聽了庖丁的話連連點頭。

「遊刃有餘」出自戰國時期莊周的《莊子‧養生主》。遊：運轉；刃：刀口；餘：餘地。這個成語的意思是廚師把整頭牛分割成塊，技術嫻熟，刀子在牛的骨頭縫裏自由移動，沒有一點阻礙。比喻做事熟練，輕而易舉。

知識積累

那些「牛氣沖天」的成語

目無全牛：指眼中沒有完整的牛，只有牛的筋骨結構。形容技藝已經到達非常純熟的地步。

庖丁解牛：庖：廚師；丁：名字；解：肢解分割。比喻經過反復實踐，掌握了事物的客觀規律，做事得心應手。

跟「牛」相關的成語，你們還知道哪些呢？

有名無實

❶韓宣子是晉國有名的大臣。

作為大臣，我卻享受不到大臣的待遇。

❷一天，大夫叔向來拜訪韓宣子，韓宣子忍不住唉聲歎氣。

恭喜您！

這有甚麼可祝賀的？

❸叔向聽後，站起來拱手表示祝賀，韓宣子十分不解。

您清貧，可您獲得了很高的德行，當然得祝賀。

❹韓宣子聽了叔向的話，頓時愁雲消散。

多謝指教，
不然我就走上
歧途了。

⑤ 韓宣子向叔向行禮表示感謝。

「有名無實」出自戰國時期莊周的《莊子‧則陽》。這個成語用來比喻空有虛名，而實際上並不是那樣。

知識積累

詞語天天學

近義詞 —— 名不副實、虛有其表
反義詞 —— 名不虛傳、名副其實

造句示例

‧ 雖然他的名氣很大，可他從不腳踏實地，是個有名無實的花架子。

‧ 廣告裏把這洗衣粉說得天花亂墜，其實它的效果一點也不好，真是有名無實。

餘音繞樑

①春秋時期，韓國有一個女子叫韓娥，她不僅長得美，歌聲也很動人。

我只能暫時先賣唱了。

②有一次，她在去齊國的路上耽擱了很多時間，身上的錢花光了，乾糧也吃完了。

她的歌聲好甜美啊！

這姑娘長得真漂亮！

③齊國的都城很繁華，人來人往，韓娥站在城門口唱了起來。

我從來沒聽過這麼動聽的歌聲！

④韓娥清亮婉轉的歌聲吸引了人們。大家圍得裏三層外三層。

❺人們紛紛給韓娥賞錢。她撿起錢走了，可大家還覺得那歌聲飄蕩在自家屋樑上。

「餘音繞樑」出自戰國時期列禦寇的《列子·湯問》。這個成語的意思是歌聲停止後，餘音好像還在繞着屋樑回旋。形容歌聲優美，久久留在人們心中；也形容詩文優美，耐人尋味。

知識積累

詞語天天學

近義詞 —— 餘音繚繞
反義詞 —— 索然寡味

造句示例

· 你的古箏演奏餘音繞樑，讓人意猶未盡啊。

朝三暮四

您家裏養的猴子可真多。

❶戰國時期，宋國有個老人非常喜歡猴子。他家裏養了許多猴子。

別搶！橡子每天早四顆，晚四顆。

❷日子久了，老人竟然可以和猴子們溝通自如。

以後，橡子每天早四顆，晚三顆。

❸幾年後，猴子越養越多，老人的生活也變得拮据起來。他想減少給猴子們餵的橡子。

那早三顆，晚四顆，如何？

❹猴子們急得吱吱大叫，跳來跳去，非常不樂意。老人哭笑不得，連忙改口。

⑤猴子們聽見晚上的橡子增加了,還以為又跟以前一樣了呢!猴子們高興地翻滾起來。

「朝三暮四」出自戰國時期莊周的《莊子·齊物論》。這個成語原來比喻聰明人善於使用手段,愚笨的人不善於辨別事情。現在比喻經常變卦,反復無常。

知識積累

詞語天天學

近義詞 —— 反覆無常、朝令夕改
反義詞 —— 墨守成規、一成不變

造句示例

· 那種朝三暮四的人是不可能獲得他人的信任的。
· 你一旦有了目標就要堅持下去,千萬不能朝三暮四,否則最後只會一事無成。

枕戈待旦

①西晉時期有兩個忠心報國的志士，一個叫祖逖，一個叫劉琨。

> 我要強身健體，將來報效祖國。
>
> 我也是！

②當時，國家已經內憂外患。祖逖和劉琨擔心國家安危，常常聊到深夜才能入睡。

③等到荒原上的雄雞叫起來時，祖逖一躍而起，然後叫醒劉琨。

> 聽，雄雞啼鳴，快起來練劍吧！

④從此，他倆每天清早聽到頭一聲雞鳴，就一起到荒原上去練劍。

> 我要報效國家。

❺劉琨給家人寫信說：「我每天枕着兵器躺在床上一直到天亮，滿心都是報國啊！」

「枕戈待旦」出自唐朝房玄齡等人所著的《晉書·劉琨傳》。這個成語的意思是枕着兵器睡覺一直到天亮。形容殺敵心切，毫不鬆懈，時刻準備迎戰。

知識積累

「干戈」原來是兵器

「干戈」是古代兵器的總稱。「干」是分岔的樹枝，用來抵禦野獸與敵人的進犯，是原始社會時人類的防禦武器；「戈」則是在木杆上縛上刃狀物，用來收割或狩獵。古代學者將「干」和「戈」分別作為防禦與進攻兩大類兵器的代表，之後亦用「干戈」代指戰爭。

捉襟見肘

❶春秋時期，有一個博學多才的人叫曾參。

你看你一提衣襟，胳膊肘都要露出來了。

沒關係。

❷曾參的生活非常樸素，他經常穿着破舊的衣服到各地講學。有人勸他添置一件新衣。

不用了，請回吧！

❸魯國的國君想重用曾參，於是派使者去遊說曾參。曾參婉言謝絕。

我不能隨便接受別人的恩惠！

❹後來，魯國的國君又派使者去請曾參，並給他一些賞賜。曾參還是不接受。

志當高遠。

⑤曾參志向高遠，當時的人們對他的評價很高。

「捉襟見肘」出自戰國時期莊周的《莊子·讓王》。捉：提、拉；襟：衣襟；肘：胳膊肘。這個成語的意思是拉一下衣服就露出胳膊肘，形容衣服破爛。比喻顧此失彼，應付不過來。

知識積累

詞語天天學

近義詞 —— 入不敷出、衣不蔽體

反義詞 —— 綽綽有餘

造句示例

· 小明花錢大手大腳，這個月已經捉襟見肘了。

· 李爺爺過着捉襟見肘的生活，可他還常常幫助別人。

百發百中

❶春秋時期，楚國有個非常厲害的射箭手叫養由基。

高手齊聚，比賽一定精彩！

❷有一天，楚國都城的比武場上人頭攢動，大家都來觀看比賽。

好！好！

能射中一百步外的樹葉才算真有本事！

❸有個叫潘虎的人先上場，他連續三次射中了五十步外的靶心。

簡直太神了！

❹養由基拉開弓，瞄准百步外的柳樹葉子，連續射了一百次，每次都能射中。

你為我楚國立了大功！

謝大王給我立功的機會！

❺後來，楚晉兩國交戰，楚王召來養由基參戰。養由基箭不虛發，當場射死了晉國大將。

「百發百中」出自西漢劉向等人所著的《戰國策・西周策》。百：形容多；發：發射，也指射箭。這個成語的意思是每次都命中目標，形容射擊技藝高超。比喻做事有充分把握，絕不落空。

知識積累

詞語天天學

近義詞 —— 百步穿楊、彈無虛發
反義詞 —— 無的放矢

造句示例

· 他能百發百中，是靠他每天練習投一千次籃得來的。
· 經過多年的努力訓練，他終於練就了百發百中的好本領，在球賽上為隊伍奪得了冠軍。

班門弄斧

❶李白是唐朝的大詩人，一生寫下了很多有名的詩，他去世後被葬在采石磯。

咱們在墓碑上寫詩憑弔吧。

好！

❷後來，很多文人都來采石磯遊覽，並在李白的墓碑上題詩。

這些寫詩的人真是太可笑了！

❸明朝時，有個叫梅之煥的詩人來到了李白的墓前。他看到那些詩，覺得大多寫得非常差。

諷刺得好！

來來往往一首詩，魯班門前弄大斧。

❹於是他作了首詩，最後兩句為「來來往往一首詩，魯班門前弄大斧。」

⑤梅之煥用這首詩諷刺那些在大詩人面前賣弄的文人。

「班門弄斧」出自唐朝柳宗元的《王氏伯仲唱和詩序》。
這個成語用來比喻在行家面前賣弄本領。有時也用來
自謙，表示不敢在行家面前賣弄。

知識積累

詞語天天學

近義詞 —— 貽笑大方、東施效顰
反義詞 —— 自愧不如

磨杵成針

　　李白小的時候，有一次在溪邊看到一個老婆婆在磨一根粗鐵棒。李白很好奇，走上前問：「您磨鐵棒幹甚麼？」老婆婆說：「我做衣服需要一根繡花針。」李白聽了，驚訝得說不出話來。老婆婆說：「只要功夫深，鐵棒也能磨成繡花針。」

抱薪救火

❶戰國後期，秦國越來越強大，並且不斷向周邊擴張。

> 保我都城要緊。

> 眾卿有何辦法？

❷有一次，秦國向魏國出兵。魏王十分苦惱，他聽從大臣的建議準備割地求和。

> 同其他五國聯合抗秦吧！

❸另一個大臣蘇代提出反對意見，堅決不贊成割地求和的投降政策。

> 這好比抱柴草去救火。

❹蘇代認為只要土地沒有被割讓光，貪得無厭的秦國就不會罷休。

❺可是魏王不聽。南陽被割讓後，秦國仍不斷進攻魏國。終於在公元前 225 年，秦國吞併了魏國。

「抱薪救火」出自西漢劉向等人所著的《戰國策·魏策三》。薪：柴。這個成語的意思是抱着柴草去救火，使火越燒越大。比喻方法不對，使災禍進一步擴大。

知識積累

詞語天天學

近義詞 —— 飲鴆止渴、適得其反
反義詞 —— 雪中送炭

造句示例

· 遇到困難應冷靜思考，用正確的方法解決，抱薪救火只會適得其反。

閉門思過

現在是春忙時節，去看看百姓耕種之事吧。

❶西漢時，燕人韓延壽擔任太守，他號令嚴明。

❷一次，韓延壽去下屬各縣巡視。很快，他來到了高陵縣。

我弟弟佔了我的耕地。

是我的！

作為太守，我不能教化百姓，責任在我。

這不是您的錯。

❸兩兄弟來向他告狀，誰也不讓誰。

❹韓延壽認為是自己失職所以才導致手足不和這種有傷風化的事出現。於是他關上門開始反思。

我當真欣慰。

骨肉兄弟相爭太不應該了，我們去請罪吧。

❺韓延壽的舉動感化了爭田地的兄弟倆和其他百姓。

「閉門思過」出自東漢班固的《漢書·韓延壽傳》。這個成語的意思是關上房門，獨自反省過錯。

知識積累

詞語天天學

近義詞 —— 反躬自省

反義詞 —— 不思悔改

造句示例

· 你這半年學習成績一落千丈，真該好好閉門思過。

· 我今天犯了一個大錯，媽媽不准我出門，讓我在家好好閉門思過。

別開生面

❶唐朝有個有名的畫家叫曹霸，他擅長畫人物和馬。

請你重新修復一下吧。

遵旨。

❷有一次，唐玄宗命他去凌煙閣重畫唐朝二十四位開國功臣的肖像。

畫得好！重賞！

❸曹霸全神貫注精心繪製，使這些肖像重放光彩，更加生動傳神。

既然有罪，就免去他的官職吧。

❹後來曹霸因事獲罪，被削了官職，流落到成都。

凌煙功臣少顏色
將軍下筆開生面

❺詩人杜甫非常同情曹霸的遭遇,寫了一首詩贈給他,高度評價了他的藝術成就。

「別開生面」出自唐朝杜甫的《丹青引贈曹將軍霸》。
生面:新的面目。這個成語的意思是使原來已經黯淡模糊的畫面重放光彩。

知識積累

杜甫吟詩

　　傳說有一天,天下着鵝毛大雪,杜甫僱了一頂轎子去一個叫梅嶺的地方。途中,雪越來越大,鵝毛雪片飄飄灑灑,一位轎夫突然隨口吟道:「片片片片片片片。」杜甫在轎裏接道:「雪落梅嶺形不見。」那轎夫一聽很驚訝,他想只有杜少陵才有這樣敏捷的才思吧,於是問道:「莫非杜少陵?」杜甫笑說:「然然然然然然然。」這四句合起來就是:

　　　　片片片片片片片,雪落梅嶺形不見。

　　　　此人莫非杜少陵,然然然然然然然。

兵貴神速

❶東漢末年，曹操在官渡大戰中贏了袁紹，不久袁紹的兩個兒子投奔了蹋頓單于。

父親病逝，我們得找個依靠。

沒錯！

❷蹋頓單于支持袁家兄弟後，經常派兵入侵曹操的地盤。曹操十分憂慮。

你父親對我有恩，你們留下吧。

請收留我們。

❸曹操親自率兵出征，可他走了一個多月還沒能到達目的地。

我要領兵親征，消除邊患。

❹一個謀士向曹操建議派精兵深入敵境，出其不意發動進攻。

用兵貴在神速，讓敵人難以預料。

正是。

❺於是，曹操率領數千精兵進軍，大敗蹋頓軍，殺死了蹋頓單于，消除了邊患。

「兵貴神速」出自西晉陳壽的《三國志‧魏書‧郭嘉傳》。神速：特別迅速。這個成語的意思是打仗要行動迅速，出其不意，攻其無備，使敵人難以預料。

知識積累

割髮代首

有一次，曹操率軍經過麥田，他下令說：「誰都不許弄壞麥子，違反的立即處死！」軍中凡是騎馬的人都下了馬，扶着麥子走。未曾想，曹操的馬突然受驚，跑進麥地，踩壞了一片麥子。曹操準備按軍法處置自己，他的手下說：「您身為一軍統帥是不能死的。」曹操於是拿起劍來割斷自己的頭髮以示懲罰。

乘人之危

①東漢時，有個長史名叫蓋勳，他為官清正，處事正直。

②當時有個武威太守為非作歹，橫行霸道。不畏強霸的正直官吏蘇正和將他依法查辦。

找好朋友蓋勳商量為妙。

乘人危難之時謀害別人為不仁。

③蘇正和的上司梁鵠得知後，害怕查辦引發的惡果會連累自己，於是就想殺掉蘇正和。

④雖然蓋勳也和蘇正和有過矛盾，可他不同意梁鵠的做法。

謝謝您的救命之恩！

⑤梁鵠聽從了蓋勳的建議。蘇正和知道後非常感激蓋勳。

「乘人之危」出自南朝宋范曄的《後漢書・蓋勳傳》。這個成語的意思是趁別人危難之時給予打擊，從而達到自己的目的。

知識積累

詞語天天學

近義詞 —— 落井下石、乘虛而入

反義詞 —— 雪中送炭、濟困扶危

造句示例

· 我們應該救人於危難之中，而不能乘人之危。

程門立雪

① 北宋時期有一位叫楊時的進士，他拜著名學者程顥為師。

我還需要拜師學習。

② 程顥去世後，楊時仍然立志求學，繼續拜程顥的弟弟程頤為師。

我們就在這等候吧！

③ 一個下雪天，楊時和同學游酢一起去向程頤請教，正趕上程頤在屋裏打坐冥想。

你們一直等在這？

④ 他們恭敬地等啊等，等程頤發現他們時，門外的雪已經一尺多深了。

⑤程頤被深深地打動了，盡心盡力地教他們，而楊時不負眾望，成為了一個非常有德行和威望的人。

「程門立雪」出自《宋史·楊時傳》。程：指宋代理學家程頤；立：站立。這個成語原指學生恭敬受教，現指學生尊敬師長。人們用它來讚揚那些誠心求學、尊敬老師的學子。

知識積累

品德高尚的楊時

　　楊時是北宋時期著名的哲學家和文學家。他小時候聰明好學，擅長作詩寫文，被人稱為「神童」。長大後，楊時在徐州做官，他仍然謙虛謹慎，勤奮好學，拜當時的著名學者程頤為老師。為了教育兒孫勤儉養德，他特別立下了這樣的家規：一日三餐，不能挑食；衣服不論新舊，只要合身就不能挑挑揀揀；房屋只要能夠居住就應該安居樂業；管理好祖先留下來的產業，不要去侵佔他人的利益。

出爾反爾

殺掉那些無動於衷的百姓！

這……

① 戰國時期，有一天鄒國的國君鄒穆公大發雷霆。

殺也不能解決問題。

今後誰願意救官員？

② 原來，魯國人殺了鄒國多個官員，在場的百姓卻沒站出來幫那些官員。

這事該如何處理？

③ 鄒穆公把自己的煩惱告訴了孟子。

也許是因為前幾年的災荒。

④ 孟子分析，前幾年鬧災荒，官員們不將實情上報，所以緊要關頭百姓也不管他們的死活。

你怎麼對待別人，別人也會怎麼對待你。

⑤孟子一席話點醒了鄒穆公。

「出爾反爾」出自《孟子·梁惠王下》。爾：你。這個成語的原意是你如何對待別人，別人也如何對待你。現在比喻言行前後矛盾，反復無常。

知識積累

不以粟食鵝

　　鄒穆公下了命令，飼養鵝一定要用秕（指只有空殼的穀物）作飼料，不可用粟。糧倉裏的秕不久就斷貨了，人們只好換糧，二石粟才換一石秕。管理糧倉的官吏便向鄒穆公請示：「還是改用粟作飼料吧！」鄒穆公說：「粟是上等糧食，怎麼可以拿來餵鵝？一國之主應是百姓生活的依靠。粟儲存在糧倉裏跟收藏在百姓家中，對我來說有甚麼區別呢？」鄒國的百姓聽了特別感動。

道旁苦李

❶西晉時，有個叫王戎的人。他從小就很聰明，被譽為神童。

你快上來摘李子呀！

那李子肯定是苦的。

❷一天，王戎和小夥伴們在路邊發現了一棵結滿李子的李子樹，小夥伴們都爬上去摘。

真的好苦啊！

真難吃！

❸小夥伴們不相信，紛紛摘下李子來咬。

假如李子是甜的，早就被別人摘光了！

❹一個路人剛好看到這一幕，他很好奇，王戎是怎麼知道李子的滋味的。

⑤大家聽了都稱讚王戎聰明過人。

「道旁苦李」出自南朝宋劉義慶的《世說新語·雅量第六》。這個成語的意思是走過的人不摘取路邊的苦李。比喻被人所棄、無用的事物或人。

知識積累

李子

　　每到夏季大家就能吃到李子這種好吃的水果。李子的外形圓潤飽滿，味道甘甜。可是，李子不能多吃。因為李子吃多了可能會讓人出現身體虛熱、頭昏腦脹、牙齒酸軟等不舒適的感覺，甚至還會傷害人的脾胃。身體虛弱的人，更應該少吃李子。如果發現李子味道發苦、有澀味，或者入水不沉，最好不要吃。

丁公鑿井

鑿這口井，等於挖到了一個人啊！

❶春秋時期，宋國有個老人叫丁公，他家裏沒有水井，每天要派一個人去挑水喝。

❷丁公覺得每天挑水太麻煩，就在家門口鑿了一口水井。這相當於省去了一人的勞力呀！

真的？

聽說丁公家鑿井挖出來一個人！

井裏會挖出人來？

❸他的鄰居聽了那話，當成奇聞怪事到處去傳播。

❹一傳十 十傳百，很快話就傳到了宋國國君的耳朵裏。

❺於是國君派人去丁公家打聽，丁公這才一五一十地講清楚。

「丁公鑿井」出自東漢王充的《論衡·書虛》。這個成語用來比喻有些話越傳越遠離事實。

井

井是古代家家戶戶都有的東西。

傳說，鑿井技術的發明者叫伯益，他曾輔佐大禹治水。在與水打交道的過程中，伯益發現了地下水的祕密。他發明鑿井技術後，我國古代北方廣大平原地區得以開發。鑿井技術的發明對人們的生活有着重大意義。

知識積累

負荊請罪

您怕廉頗將軍？

內鬥會給別國可乘之機呀！

① 戰國時期，趙國大臣藺相如因外交有功被封為上卿，戰功赫赫的大將廉頗很不服氣。

② 廉頗總想找機會羞辱藺相如，藺相如處處避讓他。

他的胸襟如此寬廣。

今日特地來請罪！

③ 藺相如的話傳到廉頗的耳朵裏，廉頗聽了非常慚愧。

④ 於是，廉頗脫下戰袍，光着上身背起荊條，到藺相如家請罪。

⑤從此以後，他們倆成了好朋友，同心協力保衛趙國。

「負荊請罪」出自西漢司馬遷的《史記·廉頗藺相如列傳》。負：背着；荊：荊條。這個成語的意思是背着荊條向當事人請罪。現在比喻主動向人認錯，賠禮道歉。

知識積累

詞語天天學

反義詞 —— 死不悔改、興師問罪

造句示例

· 廉頗負荊請罪的故事，一直為人們津津樂道。

· 彤彤意識到自己錯怪了好人，決定負荊請罪，請求對方的原諒。

後起之秀

① 東晉時有個叫王忱的人，他青年時就博學多才，名震一時。

② 有一天，王忱去看望舅舅，當時很有名氣的張玄恰好也在座。

我有事情，你陪張玄說說話。

看來話不投機。

③ 張玄早就聽說王忱才智過人，於是他主動攀談，可王忱一言不發。

你這樣對待客人，太沒禮貌了。

④ 張玄很失望，不高興地走了。王忱卻自有看法——那客人是來拜訪舅舅，而不是自己。

你才智傑出。

沒有舅舅教誨，我哪有今天？

❺舅舅聽了這話，反倒稱讚他是晚輩中的優秀人物。

「後起之秀」出自南朝宋劉義慶的《世說新語‧賞譽》。秀：特別優秀的。這個成語指的是後來出現的或新成長起來的優秀人物。

知識積累

詞語天天學

近義詞 —— 青出於藍、後來居上

造句示例

‧賽場上，那些後起之秀的精彩表現，讓我們看到了中國乒乓球隊後繼有人。

‧最近幾年她常常發表文章，深受大家的好評，算得上是國內創作人中的後起之秀。

囫圇吞棗

世上少有兩全其美的事。

❶從前，有個人很注重養生，他向老醫生求教如何吃食物對身體有益。

吃棗對胃好，但多吃傷牙。

❷老醫生拿吃梨和吃棗的事說了起來。原來，吃梨對牙好，但多吃梨會傷胃。

這個問題很好辦。

❸這人覺得老醫生說得有道理，但他有一個聰明的辦法，既可以吃它們又不傷身。

吃梨只嚼不嚥，吃棗不嚼只吞。

❹這人講出了自己的辦法，然後等着老醫生的誇讚。

整個棗吞下肚，會鬧出病的！

⑤老醫生忍不住笑了，告訴他這根本行不通。

「囫圇吞棗」出自南宋朱熹的《答許順之書》。囫圇：整個兒。這個成語的意思是把棗整個嚥下去，不加咀嚼，不辨滋味。比喻對事物不加分析思考，籠統接受。

知識積累

詞語天天學

近義詞 —— 不求甚解、走馬觀花
反義詞 —— 細嚼慢嚥、融會貫通

造句示例

· 老師叫我們熟讀課文，我囫圇吞棗，幾分鐘就看完了。
· 學習上囫圇吞棗會造成「消化不良」，你就不能真正地掌握知識要點。

華而不實

❶春秋時期，晉國大夫陽處父出使衞國。返回途中，他住進了一家客店。

我要跟他去幹一番事業！

你放心去吧！

❷第二天，店主看見陽處父相貌堂堂，舉止不凡，內心十分欽佩，便和妻子商量起來。

❸店主得到陽處父的同意後，告別妻子，跟着他走了。

我放心不下家裏的妻子。

請回吧！

❹跟陽處父接觸了幾天之後，店主就改變了主意，離開了陽處父。

怎麼回來了？

他誇誇其談，不幹實事。

⑤妻子見店主突然回來，追問起原因，這才明白過來。

「華而不實」出自春秋時期左丘明的《左傳·文公五年》。華：開花；實：結果實。這個成語的意思是只開花不結果。比喻外表好看，內容空虛；也指表面上很有學問，實際腹中空空的人。

知識積累

詞語天天學

近義詞 —— 金玉其外、虛有其表
反義詞 —— 腳踏實地、表裏如一
猜歇後語：繡樓裏的枕頭 ——（　　　）

答案：繡花枕頭

雞鳴狗盜

❶戰國時期，齊國的孟嘗君在秦國被秦昭王扣留了。有大臣建議秦昭王殺掉孟嘗君。

❷孟嘗君得到消息後，暗地託人去見秦昭王的寵妃燕姬。燕姬答應幫忙，但提出了條件。

❸孟嘗君十分為難，因為那件白狐皮袍子已經獻給了秦昭王。於是，一個門客提出了建議。

❹燕姬得到袍子便向秦昭王說情。孟嘗君終於得以離開秦宮，來到秦國邊境上的函谷關。

❺為了能儘快離開秦國，一個門客「喔喔」地學起了雞叫，引得周圍的公雞都跟着叫起來。守關人開了關門，孟嘗君成功逃出了秦國。

「雞鳴狗盜」出自西漢司馬遷的《史記·孟嘗君列傳》。這個成語的意思是學雞啼叫，裝狗偷東西。比喻微不足道的技能，現在也指偷偷摸摸的行為。

知識積累

詞語天天學

近義詞 —— 旁門左道

反義詞 —— 正人君子

造句示例

· 那就是一羣雞鳴狗盜之徒。

揭竿而起

①秦朝末年，朝廷大肆徵兵。陳勝和吳廣等一批農民被徵召入伍，向漁陽進發。

不能按期到達是要被處斬的！

吵甚麼吵！

②隊伍到達大澤鄉時遇上連綿雨天，耽誤了行程。按照秦朝律法，大家都要被處斬。

與其被殺頭，不如起義。

對！

③陳勝、吳廣暗中商量辦法，想製造輿論，讓大家下定決心一同起義。

大楚興，陳勝王！

難道這是天意？

④趁着黑夜，吳廣在遠遠的叢林中點起篝火，並且學着狐狸的聲音叫起來。

請陳勝、吳廣做我們的首領！

❺陳勝、吳廣趁機殺掉看押他們的軍官。大家決心跟着他們一起闖天下，秦末農民起義開始了。

「揭竿而起」出自西漢賈誼的《過秦論》。揭：高舉。竿：竹竿，代指旗幟。這個成語的意思是高舉義旗，起來鬥爭，泛指人民起義。

知識積累

鴻鵠之志

秦朝實行殘暴統治，陳勝不甘心受人奴役。有一天，他對一起耕田的夥伴們說：「以後如果有誰富貴了，可別忘了一起吃苦受累的兄弟。」大夥兒聽了都覺得好笑：「咱們賣力氣給人家種田，哪兒來的富貴？」陳勝感慨：「燕雀哪裏知道鴻鵠的志向呢？」

嗟來之食

❶春秋時期，齊國有一年發生了大饑荒，很多人被餓得奄奄一息，倒在路旁。

> 災民們來吃吧！

❷有一個叫黔敖的富人想博取一個好名聲，便在大道旁擺了個粥攤，大聲吆喝起來。

> 要不是怕餓死，我才不想領。

❸災民們不喜歡他耀武揚威的模樣，可又飢餓難耐，只好忍氣吞聲地領粥。

> 喂！來吃吧！

> 喊甚麼？我才不稀罕呢！

❹一個身體虛弱的漢子拄着棍子，用破袖子遮着臉從黔敖面前走過。黔敖很奇怪。

我就是不吃嗟來之食，才餓成這樣的。

且慢，請吃粥吧！

❺黔敖追上去向他道歉，但那漢子是個有骨氣的人，寧願餓死，堅決不吃。

「嗟來之食」出自西漢戴聖的《禮記·檀弓下》。嗟：喂，不禮貌的招呼聲。這個成語用來比喻帶侮辱性的施捨。

知識積累

盜泉之水

有句話這麼說：「志士不飲盜泉之水，廉者不受嗟來之食。」這裏的「盜泉之水」也是有典故的。

有一次，孔子在旅途中走累了。他停下來休息時發現了一口井，井裏泉水清澈。雖然此時自己已經口乾舌燥，孔子卻拒絕喝裏面的水，原因是這口井名叫「盜泉」。

噤若寒蟬

有惡必罰，有罪必懲！

您真厲害！

❶東漢時期，有個文人叫杜密。他為官時剛正不阿，執法嚴明。

你已經不在朝廷做官了，何必操心這些事情。

❷杜密辭官回鄉後，仍然關心國家大事。他經常拜會郡守、縣令，與他們暢談國家大事。

與自己不相干的事不要多言！

好的。

❸同郡的劉勝也是回鄉的官員，可他閉門謝客，做法和杜密迥然不同。

他就像冷天的蟬，一聲不吭。

❹杜密認為劉勝是不正確的。對好人不予舉薦，對惡人壞事不敢揭露批評，這其實是社會的罪人。

⑤大家都認為杜密說得有道理，紛紛與他交往。

「噤若寒蟬」出自南朝宋范曄的《後漢書‧杜密傳》。噤：不作聲；寒蟬：深秋的蟬。這個成語的意思是像深秋的蟬那樣不鳴叫。比喻有所顧慮而不敢說話。

知識積累

詞語天天學

近義詞 —— 守口如瓶、三緘其口
反義詞 —— 口若懸河、侃侃而談

與「蟬」有關的成語

蟬在成語中出現的頻率還挺高呢！比如下面這些：
螳螂捕蟬，黃雀在後　　金蟬脫殼
蟬翼為重，千鈞為輕　　寒蟬淒切
你們還能找到類似的其他成語嗎？

樑上君子

❶東漢時期，有個清廉而正直的官員叫陳寔。

❷有一年，莊稼收成不好，百姓生活艱難，偷盜、搶劫便經常發生。

長大了千萬別學樑上那位「君子」啊！

❸一天夜裏，有個小偷溜進了陳寔的家。他躲在房樑上，卻被陳寔發現了。於是他對孩子們說：

你知錯能改就好。

大人，我錯了！

❹小偷聽了羞愧難當，連忙跳下來向陳寔磕頭認罪。

今後我一定做個真君子。

⑤陳寔說完讓家人取出兩匹綢緞，送給了那個小偷。

「梁上君子」出自南朝宋范曄的《後漢書·陳寔傳》。

樑：房樑。這個成語的意思是躲在房樑上的君子，現在用它作為「竊賊」的代稱。

知識積累

詞語天天學

近義詞 —— 偷雞摸狗
反義詞 —— 正人君子

造句示例

· 出門記得鎖好門窗，以防樑上君子光顧。

樂不思蜀

❶三國時期，劉備建立了蜀國。他死後，兒子劉禪繼位，由諸葛亮輔佐他治理國家。

將士們，衝啊！

衝啊！

❷公元 263 年，魏國派兵攻打蜀國，劉禪一看大勢已去，便向魏國投降了。

以後你就好好待在魏國吧！

謝魏王

❸劉禪被帶到洛陽，魏王封他為安樂公，並賞賜給他許多土地和奴僕。

❹一天，劉禪又沉浸在歌舞之中。隨從見了蜀國風格的歌舞不禁思念起故鄉和親人。

你想念蜀國嗎？

一點也不想念蜀國。

❺可劉禪一點也沒有思鄉之情，他覺得在魏國有酒有肉，還可以欣賞優美的歌舞，日子過得太開心了。

「樂不思蜀」出自西晉陳壽的《三國志・蜀書・後主傳》。這個成語的意思是安樂得不再思念故國鄉土，比喻樂而忘返。

知識積累

阿斗的故事

劉禪是劉備的兒子，小名叫阿斗。劉備去世後，阿斗當上了皇帝。阿斗為人不思進取，即使有諸葛亮這樣的名臣輔助和教導也無濟於事，最終丟了國家。今天，人們用「阿斗」或「扶不起的阿斗」來形容一些始終無法扶持成才的人。

毛遂自薦

❶戰國時，秦國攻打趙國，趙王命令平原君去楚國求援。

帶上我，您一定用得着！

❷平原君挑選了一些門客一同前往，門客毛遂主動要求前往。

這可怎麼辦啊？

該我了！

❸到了楚國，平原君和楚王商談了很久仍沒有一點效果。平原君有些着急。

楚王，時局危險！

❹毛遂提着利劍，走到了楚王的面前。

先生說得對，我同意出兵。

先生的三寸不爛之舌，勝過百萬大軍！

⑤毛遂一條條地講出大家共同抗秦的利害關係，楚王最終同意出兵了。

「毛遂自薦」出自西漢司馬遷的《史記·平原君虞卿列傳》。毛遂：戰國時期人；薦：推薦。這個成語用來比喻自己推薦自己。

知識積累

詞語天天學

近義詞 —— 自告奮勇
反義詞 —— 自慚形穢

成語辨析

雖然「毛遂自薦」與「自告奮勇」意思相近，但它們還是有些不同，「毛遂自薦」就是自我推薦的意思，而「自告奮勇」則含有自己主動承擔某件事的意思。

明察秋毫

❶戰國時期，有一天齊宣王坐在殿堂上，他看見一頭即將被殺的牛在發抖。

❷可百姓們知道這件事後，責怪齊宣王太吝嗇。齊宣王很委屈。

❸孟子就藉此機會稱讚齊宣王的善心，開導他實行仁政。

❹孟子打了個比方，為甚麼有人能看見秋天鳥獸新長的細毛，卻看不見眼前的一車柴。

就像您要施仁政，問題不在於您能不能，而在於您幹不幹罷了。

⑤孟子一針見血地說那是因為那人根本沒去看。

「明察秋毫」出自戰國時期孟軻的《孟子·梁惠王上》。秋毫：秋天鳥獸新長的細毛。這個成語用來比喻人很精明，任何小問題都能看得清楚。

知識積累

詞語天天學

近義詞 —— 洞若觀火
反義詞 —— 一葉障目
猜謎語：明察秋毫（打一詞語）

造句示例

· 福爾摩斯辦案時明察秋毫，不會放過任何蛛絲馬跡。

謎底：洞察

模棱兩可

① 武則天當唐朝皇帝時有個叫蘇味道的宰相，他處事圓滑，一心只保自身平安。

> 宰相也被抓了。

> 唉！

② 可是天有不測風雲，有一年，蘇味道因罪被抓進了監獄。

> 好酒好肉，吃吧！

③ 當時三品以上大官住的監獄，待遇很優厚。一些獲罪的大官照樣大吃大喝。

> 蘇味道真不錯！

④ 蘇味道卻只吃粗茶淡飯，在屋角鋪一張席子當床睡。武則天得知後，又將他官復原職。

❺蘇味道沒有做出甚麼政績，卻當了很多年宰相。人們聽說了他做官的技巧後，稱他為「蘇模棱」。

「模棱兩可」出自後晉趙瑩主持編修的《舊唐書·蘇味道傳》。模棱：含糊，不明確；兩可：可以這樣，也可以那樣。這個成語的意思是不表示明確態度，或沒有一定主張，形容對事情不置可否。

知識積累

詞語天天學

近義詞 —— 不置可否
反義詞 —— 旗幟鮮明、斬釘截鐵

造句示例

· 這個是非題模棱兩可，難怪大家都不知道該怎麼作答。
· 他說的盡是模棱兩可的話，讓人搞不清楚他真正想幹甚麼。

霓裳羽衣

我多想能去月宮看看啊！

❶唐朝開元年間的一個中秋節，唐玄宗站在宮中的樓台上賞月。

皇上，請！

❷這時，方士羅公遠取出一根拐杖扔向空中。空中瞬時出現一座銀色的大橋直通月宮。

❸羅公遠帶領唐玄宗來到月宮。一羣美麗的仙女正在演奏美妙的仙樂。

真是美妙的樂曲！

❹唐玄宗把曲調記在心裏，回宮後請楊貴妃編出了霓裳羽衣舞。

❺從此以後，霓裳羽衣舞就流傳下來，聽過、看過的人無不稱讚。

「霓裳羽衣」這個成語的意思是以雲霞為裳，以羽毛作衣。形容女子裝束美麗。白居易曾寫過名為《霓裳的衣歌和微之》的詩。

霓裳羽衣舞

　　霓裳羽衣舞也叫《霓裳羽衣曲》，是唐代的一種宮廷樂舞。它由唐玄宗作曲，是唐玄宗比較得意的作品，專用於宮廷演奏。它樂調優美，構思精妙，可以說是唐代歌舞的集大成之作，至今仍無愧於音樂舞蹈史上的一顆璀璨的明珠。

知識積累

旁若無人

① 戰國時期，衞國有個荊軻，他喜歡擊劍，又飽讀詩書，是當時有名的俠士。

我們一見如故，交個朋友吧。

② 荊軻在燕國結識了隱士高漸離，兩人志趣相投，很快成為知己。

我擊樂，你歌唱！

好！

③ 荊軻和高漸離經常結伴喝酒。有一次，他們喝醉了來到鬧市中央。

是兩個瘋子！

④ 兩人沉浸在自己的世界裏，對於人們的議論和圍觀毫不在意。

❺因為這種豪邁氣概，荊軻後來得到了燕太子丹的賞識。

「旁若無人」出自西漢司馬遷的《史記·刺客列傳》。旁：旁邊；若：好像。這個成語的意思是身旁好像沒有別人。形容態度傲慢，不把別人放在眼裏，也形容態度自然、鎮靜自如的樣子。

知識積累

詞語天天學

近義詞 —— 目中無人、泰然自若

詞語辨析

「目中無人」「旁若無人」都可以形容態度傲慢的樣子，但是，「目中無人」不能用來形容態度自然和專心致志的狀態。

萍水相逢

❶王勃是唐朝著名的文學家。他十五歲就考取了功名，可是後來因禍被罷官。

> 我想請大家為滕王閣作序。

❷公元 676 年，滕王閣翻修完工，負責翻修工作的官員閻伯嶼因此大宴賓客。

> 我來試試吧。
> 我們沒有任何準備呀！

❸宴會上，閻伯嶼發出邀請，希望來賓為滕王閣作序。王勃毫不推辭。

> 高明！
> 寫得太好了！

❹王勃當場揮毫，一氣呵成，寫成了着名的《滕王閣序》。

⑤《滕王閣序》構思精絕，其中就寫道：「萍水相逢，盡是他鄉之客。」

「萍水相逢」出自《王子安集‧滕王閣序》。萍：在水面上浮生的一種植物。這個成語用來比喻素不相識的人偶然相遇。

知識積累

一字千金

唐朝時，詩人王勃寫了一篇《滕王閣序》，序文所附詩歌裏面有一句：「檻外長江 _ 自流。」負責翻修滕王閣的官員閻伯嶼看了很納悶：空缺處是甚麼字呢？於是，閻伯嶼派人去問王勃。王勃的侍從說：「我家公子一字千金，請大人海涵。」閻伯嶼馬上送上重金。王勃說：「多謝大人美意，晚輩不敢空字。檻外長江空自流。」閻伯嶼意味深長地說：「一字千金，不愧為當今奇才。」

破釜沉舟

❶秦末，秦軍將自稱趙王的趙歇率領的起義軍圍困在巨鹿，項羽和宋義前去救援。

將軍為何讓軍隊停下？

太強了！

❷宋義害怕強大的秦軍，行軍至半道就下令軍隊停止前進。

將軍只顧飲酒作樂！

讓我來解決問題吧！

❸一個多月過去了，援軍仍駐紮在原地，糧草越來越少，將士們紛紛抱怨。

我們只帶三天的乾糧和秦軍決戰！

❹項羽忍無可忍殺了宋義，自己做主帥。他下令鑿沉船隻，打破所有飯鍋，不留退路。

❺將士們拚死戰鬥，大勝秦軍。項羽的威望大大提高。

「破釜沉舟」出自西漢司馬遷的《史記·項羽本紀》。釜：鍋。這個成語的意思是把飯鍋打破，把渡船鑿沉。比喻不留退路，下決心不顧一切地幹到底。

知識積累

詞語天天學

近義詞 —— 義無反顧、背水一戰
反義詞 —— 優柔寡斷、舉棋不定

項莊舞劍

三國時期，項羽在鴻門設宴招待劉邦。宴會上，項羽的謀士 —— 范增幾次示意項羽，找機會殺掉劉邦以除後患，但項羽不肯聽。於是，范增便讓項莊以舞劍助興為名，刺殺劉邦。為了保護劉邦，手下樊噲拿着劍闖了進去，當面喝斥項羽不守信義。

強弩之末

❶韓安國是西漢時期的大將，他立下赫赫戰功，被漢武帝封為御史大夫。

我主張發兵，徹底征服匈奴！

❷當時，匈奴派人來向漢武帝請求和好。漢武帝召集大臣們來商議。

好比強弩射出的箭，最後還穿不透薄綢。

❸韓安國反對向匈奴出兵。他認為漢軍千里遠禦，人馬勞累，未必能贏。

我們接受匈奴的和談吧。

是！

❹漢武帝認為韓安國說得有道理，於是接受了他的建議。

匈奴背信棄義，
你帶兵迎戰！

⑤但是沒過幾年，匈奴還是違背約定向西漢發動了進攻。

「強弩之末」出自東漢班固的《漢書·韓安國傳》。弩：古代一種射箭的弓。這個成語的意思是強弩所射出的箭，已達射程的盡頭。比喻強大的力量已經衰弱，起不了甚麼作用。

知識積累

詞語天天學

反義詞 —— 勢不可當、勢如破竹

造句示例

• 對方經過長途行軍，就算有再精銳的兵力，恐怕也是強弩之末了。

如魚得水

❶三國時期，劉備投靠了親戚劉表，駐守新野。可劉備並不想寄人籬下。

❷有人向劉備推薦了一位難得的人才，他叫諸葛亮。劉備決定去找他。

承蒙您器重。

❸劉備先後三次拜訪諸葛亮。看到劉備如此誠懇，諸葛亮終於答應幫助劉備。

先生所言極是。

❹劉備虛心地向諸葛亮請教。諸葛亮細細分析，見解獨到。

得到你的輔助，我就好像魚兒有了水。

⑤劉備非常欣賞諸葛亮，時常誇讚諸葛亮。

「如魚得水」出自西晉陳壽的《三國志·蜀書·諸葛亮傳》。這個成語用來比喻遇到跟自己志趣相投的人或自己很適合的環境，好像魚得到水一樣。

知識積累

孔明燈的故事

相傳，諸葛亮被困在平陽時，因為無法派兵出城求救，手下的將領們急得如熱鍋上的螞蟻。諸葛亮看到自己放在桌上的帽子，突然有了主意。他根據帽子的形狀發明了一種會飄浮的紙燈籠。他在燈籠上繫上求救訊息，算準風向放飛燈籠，後來果然引來了援兵，成功脫險。後世稱這種燈籠為「孔明燈」。人們常在節日裏放飛孔明燈來祈福。

神機妙算

請你三天之內造出十萬支箭！

好吧！

❶三國時期，劉備派諸葛亮出使東吳，試圖聯合孫權共同抗擊曹操。

❷東吳大都督周瑜嫉妒諸葛亮的才能，所以故意出難題刁難他。

趁有霧，趕緊把船開過去。

衝啊！

❸諸葛亮派出二十隻紮了草人的快船。它們趁大霧天一起向曹軍進發。

放箭！

❹曹軍聽到江面上傳來的戰鼓聲和吶喊聲，以為遭到了突襲，慌忙向江面上的船射箭。

諸葛亮神機妙算，我不如他啊！

⑤霧散之後，諸葛亮下令讓快船駛回。經過清點，草人上「借」到的箭遠遠超過十萬支。

「神機妙算」出自南朝宋范曄的《後漢書・王渙傳》。神、妙：形容高明；機：機智；算：指推測。這個成語的意思是驚人的機智，巧妙的計謀。形容善於估計複雜的變化情勢，決定策略。

知識積累

詞語天天學

近義詞 —— 料事如神
反義詞 —— 無計可施、束手無策

造句示例

- 諸葛亮神機妙算，不得不令人佩服啊！
- 事情的發展果然如你所料，你真是神機妙算。

世外桃源

❶東晉時期，一個漁夫駕着小船偶然發現了一處茂密的桃樹林。

❷樹林盡頭有一個洞，漁夫穿過洞，眼前豁然開朗 —— 那裏道路寬敞，房屋錯落有致。

❸漁夫向村裏人打聽，原來這村裏的人都是為了躲避秦朝時的戰亂才來到這兒的。

❹村裏人熱情地招待漁夫。過了幾天漁夫要回家了，村裏人請他別把這裏的事情說出去。

快去那裏
看看!

我發現了一
處世外桃源。

❺誰知後來,漁夫把自己的所見所聞報告給太守。可是不管怎麼找,他們再也找不到那個地方了。

「世外桃源」出自東晉陶淵明的《桃花源記》。這個成語用來比喻不受外界影響的地方或幻想中的美好世界。

知識積累

不為五斗米折腰

陶淵明出任彭澤縣令後不久,遇到上級官員來檢查公務。官員劉雲十分貪婪,向陶淵明索要錢財,否則就要栽贓陷害陶淵明。據說,劉雲向來如此,以前的縣令都備好禮品迎接他。陶淵明歎道:「我豈能為了縣令的五斗米俸祿,就低聲下氣地向這樣的小人獻殷勤?」說完,他就辭職回鄉了。

守株待兔

❶從前，宋國有個農夫，他日出而作，日落則息，日子過得很滿足。

想不到遇到了這種好事！

❷一天，農夫坐在田頭休息。突然，一隻野兔跑來，一頭撞到旁邊的樹椿上，死了。

今天有兔肉吃了。

太好了！

❸傍晚，農夫把野兔帶回家，一家人美美地吃了一頓兔肉。

我以後要天天去撿兔子。

❹從此以後，農夫不再幹活，他天天守在樹椿旁邊，希望還能撿到撞死的野兔。

⑤可農夫再也沒有撿到野兔，他的田也早荒了。

「守株待兔」出自戰國時期韓非的《韓非子·五蠹》。這個成語用來比喻不主動地努力，想依賴僥倖取得成功。也比喻死守狹隘的經驗，不知變通。

知識積累

詞語天天學

近義詞 —— 刻舟求劍、緣木求魚、墨守成規、好逸惡勞

造句示例

· 美好的生活要靠自己去創造，守株待兔等不來好日子。

· 守株待兔只會讓機會擦身而過，只有不斷主動爭取，成功才屬於自己。

四面楚歌

①秦朝末年，漢王劉邦和西楚霸王項羽為了爭奪天下，進行了長達五年的戰爭。

一直這麼打下去，軍隊會吃不消的。

我有辦法！

②後來，劉邦有些扛不住了，心裏很着急。

想必敵軍這次插翅難飛了！

③韓信用計謀將項羽及其軍隊引誘到垓下，然後指揮幾十萬大軍將其層層圍住。

難道漢軍已經把楚地都佔領了？

大勢已去呀！

④有一天夜裏，項羽躺在床上，聽見四周的漢營裏都傳唱着楚地的歌曲。

⑤項羽戰敗，帶着二十八個士兵逃到烏江邊，最後他自殺了。

「四面楚歌」出自西漢司馬遷的《史記・項羽本紀》。
這個成語比喻四面受敵，孤立無援，陷於困境。

知識積累

詞語天天學

近義詞 —— 孤立無援、山窮水盡
反義詞 —— 一呼百應

霸王別姬

這也是個發生在項羽身上的經典故事。

話說項羽忽然聽到四面傳來楚歌，以為自己已經走投無路，老家楚地的士兵都投降了漢軍，於是在帳中飲酒消愁。為了不成為項羽突圍的負擔，項羽的愛妃虞姬拔劍自殺了。

螳臂當車

❶春秋時期，齊國的國君齊莊公體恤民眾，愛惜賢才。

停下！你們看路中間有隻蟲！

❷有一天，齊莊公乘馬車出去打獵。

這小東西只知前進不會後退。

是螳螂呀！

❸車夫發現，路前方有一隻螳螂。牠舉起前腿，看樣子好像要和馬車的車輪搏鬥。

這蟲子要是人，必定是天下勇士！

❹齊莊公若有所思。

別傷牠性命，
繞開牠繼續趕
路吧。

是！

❺齊莊公命令車夫避開螳螂繼續趕路。這事後來傳開了，大家認為齊莊公尊敬「勇士」，許多勇士都來投奔他。

「螳臂當車」出自戰國時期莊周的《莊子・人間世》。
這個成語的意思是螳螂舉起前腿企圖阻擋車子前進。
比喻做事不自量力，必然失敗。

知
識
積
累

詞語天天學

近義詞 —— 自不量力、以卵擊石
反義詞 —— 量力而行

造句示例

・就憑你這兩下子，也想和奧運冠軍比賽游泳，簡直就是螳臂當車。
・時代大勢如此，防礙發展的力量無異於螳臂當車。

天道酬勤

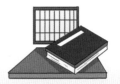

❶曾國藩是中國近代有名的政治家、文學家。他小時候天賦並不高。

❷一天，曾國藩在家裏反覆朗讀一篇文章，過了很久，文章還是背不下來。

我一定要背熟。

我都會背了。 你？

❸一個小偷來了，他一直躲在屋簷下等待時機。可曾國藩就是背不出來。小偷忍不住了。

我相信只要努力了，就一定會有收穫。

❹小偷果然把文章完整地背誦了出來，然後揚長而去。但曾國藩並未因此氣餒。

❺後來，曾國藩通過自己的努力，終於成為了國家的棟樑之材。

「天道酬勤」出自《論語》。天道：天意；酬：酬謝；勤：勤奮。這個成語的意思是多一分耕耘，多一分收穫，只要你付出了足夠多的努力，將來一定會得到相應的收穫。

知識積累

詞語天天學

近義詞 ── 有志者事竟成
反義詞 ── 不勞而獲

造句示例

・ 天道酬勤，大家好好努力吧！

千金買骨

①戰國時期，齊國趁燕國內亂之機出兵，把燕國折騰得元氣大傷。

②燕昭王決心復興燕國，可怎麼治理好國家呢？他向有計謀的郭隗請教。

您如果連我這種人都重用，誠意就會吸引其他有才能的人。

給我找些有本事的人吧！

③於是，燕昭王尊郭隗為師，處處禮待他。消息傳開後，天下才俊紛紛前來投奔燕昭王。

④燕昭王很高興，對賢才一一委以重任，關懷備至。

燕王禮賢下士。

值得我們投奔！

歡迎你們來燕國！

❺就像想買馬的人連千里馬的骨頭都高價買下以示誠意，郭隗讓燕昭王向天下人展示求賢若渴的態度。有了眾多人才的幫助，終於讓燕國變得富強起來。

「千金買骨」出自《戰國策‧燕策一》。這個成語的意思是愛惜重視人才。

知識積累

詞語天天學

近義詞 —— 禮賢下士、求才若渴

造句示例

· 為了提高公司業績，總經理「千金買骨」，招募人才。
· 在這個故事中有一個禮賢下士，千金買骨的國主。

完璧歸趙

好，我就去見秦王！

見機行事！

❶戰國時期，趙王得到了稀世珍寶和氏璧，秦王想用十五座城池換取和氏璧。

秦王怎麼不提交換城池的事呢？

果然是個好寶貝！

❷機智勇敢的藺相如奉命帶着和氏璧來見秦王。秦王拿着和氏璧左看右看，十分喜愛。

大王，璧上有瑕疵，我指給您看！

❸藺相如靈機一動，從秦王手中拿回了和氏璧。他靠着殿中的大柱子，威脅說要砸碎它。

秦王不守承諾，你快走吧！

好！

❹秦王只好拿了地圖給藺相如看。可藺相如不放心，回到客棧忙派人將和氏璧帶回了趙國。

⑤秦王聽說和氏璧被送回趙國，十分憤怒。藺相如鎮定自若。最後，秦王只好放他回國了。

「完璧歸趙」出自西漢司馬遷的《史記·廉頗藺相如列傳》。璧：古代一種扁圓形的、中間有孔的玉器。這個成語用來比喻把原物完好無損地歸還給物品的主人。

知識積累

詞語天天學

近義詞 —— 物歸原主
反義詞 —— 巧取豪奪

造句示例

· 從你哥哥那裏借來的書我已經完璧歸趙了。

問一得三

❶孔子的兒子名叫孔鯉，他與弟子們一起跟着孔子學習。

> 對我們恐怕有所保留。

> 是啊！

❷有的弟子認為孔子一定對自己的兒子更關心，而且多教很多學問。

> 你一定比我們多學一些東西吧？

❸面對同窗的疑問，孔鯉說，父親只是說不學《詩經》不會說話，不學《禮》無法立足於社會。

> 第三件事是孔鯉沒比我們特殊。

❹孔鯉說自己在父親那就學了這兩件事，可同窗陳子禽卻聽出了第三件事。

原來老師沒有對兒子特殊對待。

⑤這之後，弟子們便消除了對孔子的誤解。

「問一得三」出自《論語・季氏》。這個成語的意思是問一件事卻得到解決三件事的辦法，形容求少得多。

知識積累

孔子的家人

孔子只有一個兒子。據說他兒子出生時，魯昭公送了一條大鯉魚表示祝賀。國君親自賞賜禮物，孔子認為是莫大的榮幸，因此給兒子取名叫孔鯉。孔子的後人對孔子的學說各有不同的貢獻。孔鯉的兒子孔伋更繼承和發展了孔子的學說。

甕中捉鱉

❶北宋末年，杏花莊有個小酒店。店主有一個漂亮的女兒，名叫滿堂嬌。

俺們是梁山好漢宋江和魯智深！

救命啊！

❷一天，兩個惡漢來酒店吃飯。他們不但不付錢，還冒充梁山好漢，搶走了滿堂嬌。

兩個梁山好漢搶走了我的女兒！

竟有此事！

❸就在店主悲憤交加的時候，梁山好漢李逵經過酒店。他聽說後決心去找惡漢算賬。

搶走我女兒的不是他們。

對不起！是我魯莽了。

❹李逵趕回梁山，一陣大鬧，還讓宋江去和店主對質。這才發現自己弄錯了。

這好像到大罈子裏去捉鱉呀！

你去吧！將功折罪。

⑤不久，兩個惡漢又去了酒店，店主灌醉了他們。李逵下山捉拿他們，讓他們受到了應有的懲罰。

「甕中捉鱉」出自元朝康進之的《李逵負荊》。這個成語的意思是從大罈子裏捉鱉。比喻想要捕捉的對象已在掌握之中，形容手到擒來，輕易而有把握。

知識積累

詞語天天學

近義詞 —— 十拿九穩、穩操勝券
反義詞 —— 水中撈月

一起來挑錯

氣囯山河（　　） 衝鋒獻陣（　　）
一身震氣（　　） 司空見貫（　　）
順理成張（　　） 心花路放(　　)

（溫馨提示：如果有難度，請向詞典求助。）

答案：囯：蓋／震：浩／張：章／獻：陷／貫：慣／路：怒

臥薪嚐膽

① 春秋時期，吳越兩國交戰。越國戰敗後，越王勾踐變成了俘虜。

（把他關在牢房裏，讓他像奴隸一樣伺候我！）
（是！）

② 越王每天幹一些又髒又累的活，但他臉上從不露出不滿意的神色。

（我要忍辱負重，伺機再起！）

③ 吳王夫差見勾踐對自己十分忠誠，便將他釋放回國。

（多謝大王！）
（你回自己的國家吧。）

④ 勾踐回國後，一心要報仇雪恨。他每晚睡在柴草上，吃飯、睡覺前先嚐嚐膽的苦味。

（大王要吃飯啦。）
（我不能過得太安逸！）

⑤後來，勾踐率軍打敗了吳國，洗刷了恥辱。

「臥薪嘗膽」出自西漢司馬遷的《史記・越王勾踐世家》。薪：柴草。膽：苦膽。這個成語的意思是睡在柴草上，嘗着苦膽。形容人刻苦自勵，立志雪恥圖強。

知識積累

詞語天天學

近義詞 —— 奮發圖強
反義詞 —— 胸無大志

造句示例

・中國足球要想衝出亞洲，必須臥薪嘗膽，刻苦訓練。
・我們在博物館裏看見了越王臥薪嘗膽的雕像。

一箭雙鵰

① 南北朝時期，北周禁衛軍中有位大將名叫長孫晟。他武藝高強，尤其擅長射箭。

② 有一年，長孫晟奉命出使突厥。突厥首領攝圖很喜歡他。

聽說你射箭水平很高！

展示你的水平吧！

③ 一天，他們一起打獵時，空中忽然出現兩隻爭食的大鵰。攝圖遞給長孫晟一把弓箭。

真厲害！

④ 長孫晟舉起弓，「嗖」地射出一箭，兩隻大鵰應聲而落。

你的箭術真高超。

過獎，過獎。

❺攝圖對長孫晟讚不絕口。

「一箭雙鵰」出自唐朝李延壽的《北史·長孫晟傳》。鵰：一種兇猛的大鳥。這個成語的意思是一箭射中兩隻鵰。比喻一舉兩得。

知識積累

詞語天天學

近義詞 —— 一石二鳥、一舉兩得
反義詞 —— 一事無成、損兵折將

造句示例

· 他很會揣摩人的心思，幾句話就起到了一箭雙鵰的作用。

一目十行

為父要考你。

好的

❶南朝時期間，梁武帝的第三個兒子名叫蕭綱。他從小聰明伶俐，記憶力超羣。

❷聽說蕭綱六歲就能寫文章，大家都覺得很驚奇，連梁武帝也不相信。

語句流暢，文辭甚美。

你一眼能看過去十行有餘了吧？

❸蕭綱接到父親出的考題後略一思索，一會兒工夫就提筆完成了一篇文章。

❹隨着年齡的增長，蕭綱讀的書越來越多，而且他看得極快。

他還是個少年啊！

年紀雖小，但博學多才，他可擔大任。

⑤十一歲那年，蕭綱被委以重任，開始處理各種事務。他後來繼承了皇位，成為梁簡文帝。

「一目十行」出自唐朝姚思廉的《梁書‧簡文帝紀》。這個成語的意思是一眼能看十行文字，形容閱讀的速度極快。

知識積累

詞語天天學

近義詞 —— 十行俱下、一覽成誦
反義詞 —— 慢條斯理

造句示例

‧ 她看小說一目十行，而且還能做到過目不忘。
‧ 有些書可以一目十行地看，有些書卻需要字字精讀。

以卵擊石

❶戰國時期，有一位着名的思想家叫墨子。

你不能去北方。

這是迷信。

❷一天，墨子在去北方齊國的路上碰到了一位算命先生。算命先生說墨子臉色發黑。

怎麼？

北邊漲洪水了，沒辦法過去。

❸墨子不相信他的話，繼續往前走。可沒過多久，墨子又回來了。

我說了不能去北方吧。

甚麼臉色的人都過不去。

❹算命先生得意洋洋。

❺ 算命先生聽了無話可說，灰溜溜地走了。

迷信戰勝不了事實。好比拿雞蛋去碰石頭，石頭是毀壞不了的。

「以卵擊石」出自戰國時期墨翟的《墨子‧貴義》，在《荀子‧議兵》裏也曾出現過。卵：蛋。這個成語用來比喻不估計自己的力量，自取滅亡。

知識積累

詞語天天學

近義詞 —— 不自量力

造句示例

- 雙方實力懸殊，你又何必去以卵擊石、自取滅亡？
- 他們人多，你去有甚麼用，那不是以卵擊石嗎？

引狼入室

❶有個牧羊人在山谷裏放羊。他看到有隻狼遠遠地跟在後面,便時刻提防着狼。

有狼在,其他野獸不敢靠近我的羊。

❷幾個月過去了,狼只是遠遠地跟在後頭,沒有傷害任何一隻羊。牧羊人放鬆了警惕。

你照管一下羊羣。

❸後來,狼給牧羊人當起了牧羊犬。一次,他要外出,所以請狼來看管自己的羊羣。

❹牧羊人走遠了,狼開始嗥叫,牠喚來狼羣把羊全吃光了。

都怪我，怎麼能相信狼呢？

⑤牧羊人回來後，別提有多後悔了。

「引狼入室」出自元朝張國賓的《羅李郎》。這個成語用來比喻自己把壞人或敵人招引進來，結果給自己帶來了意想不到的麻煩。

知識積累

詞語天天學

近義詞 —— 開門揖盜、養虎為患
反義詞 —— 拒之門外

造句示例

· 她不想告訴人們，是擔心引狼入室。
· 你把貓放在金魚缸旁，等於是引狼入室啊！

魚目混珠

❶從前，有一個叫滿願的人買到了一顆珍珠。那珍珠又大又圓，光彩耀眼。

這麼漂亮的珍珠，我得好好珍藏！

❷滿願有一個鄰居叫壽量，他非常羨慕滿願有那樣一顆大珍珠。

要是我也有一顆珍珠該多好啊！

❸一次，壽量得到了一顆大大的魚眼睛，他誤以為是珍珠就把它珍藏起來。

太好了！現在我也有一顆珍珠了。

❹後來，有人生了病，需要用珍珠配藥，於是他們花大價錢四處收購珍珠。

我願花大價錢收購珍珠。

啊，好珍珠！

這分明是一顆魚眼睛嘛！

❺滿願和壽量趕緊回家取來各自收藏的珍珠。兩顆珍珠放在一起，立刻辨出了真假。

「魚目混珠」出自東漢魏伯陽的《參同契‧卷上》。魚目：魚眼睛；混：摻雜，冒充。這個成語的意思是用魚的眼睛冒充珍珠。比喻以假亂真，以次充好。

知識積累

詞語天天學

近義詞 —— 以假亂真、冒名頂替
反義詞 —— 涇渭分明、是非分明

造句示例

· 這些魚目混珠的野生人參鬚，是用蘿蔔鬚製成的。
· 不少商人魚目混珠，想拿仿品來欺騙不知情的顧客。

與虎謀皮

❶周朝時期，有個人喜歡穿皮毛大衣，愛吃精美的食物。

❷一次，他想要一件狐皮袍子，於是就去城裏的店鋪買。

這件您滿意嗎？

這件袍子太貴了，我不買了。

❸他跑到山裏，請求狐狸送他一張皮。狐狸聽了嚇得拔腿就跑。

❹他不死心，又跑去向山羊討羊肉吃，嚇得整個羊羣跑到山坳裏去了。

唉，全都被我嚇跑了！

⑤最後，這個呆子兩手空空，一無所獲。

「與虎謀皮」出自《太平御覽》，由「與狐謀皮」演化而來。謀：商量。這個成語的意思是同老虎商量，要剝下牠的皮。比喻跟所謀求的對象有利害衝突，一定不能成功。

知識積累

古人為甚麼愛老虎？

老虎被譽為百獸之王。牠的形象威風凜凜，常被用來形容軍人的勇敢和堅強，如虎將、虎臣、虎士等。古人對老虎十分崇拜。古代的兵符上面也刻着老虎，稱為虎符。虎符是傳達軍事命令、調兵遣將的一種憑證。虎符一般剖為左右兩半，一半留給朝廷，一半交地方官或統兵將帥保管，使用時把兩半拼合，就叫作「符合」。這是一種驗證命令的方式，表示命令可以生效。

鄭人買履

❶從前，有個鄭國人想買鞋。他不知道自己的腳的尺寸，就拿了一根草繩，量好當尺用。

> 不好意思，等我回去取來草繩再買吧！

❷來到集市上，他走進鞋鋪，這才想起自己忘帶草繩了。

> 你可以試穿呀！

❸沒等店主反應過來，他轉身就跑掉了。

> 唉，明天再來吧！

❹他回家拿到草繩後又急急忙忙返回集市，可店鋪早已經關門了。

你這個呆子，為甚麼不用腳試一下呢？

那怎麼行？腳哪會有尺準？

❺他十分氣惱地回到家，把買鞋的事情告訴了妻子。

「鄭人買履」出自戰國時期韓非的《韓非子・外儲說左上》。鄭：鄭國；履：鞋子。這個成語用來比喻做事死板，不會變通的人。

知識積累

詞語天天學

近義詞 —— 固執己見、生搬硬套
反義詞 —— 隨機應變、急中生智

造句示例

· 生活中，我們應該隨機應變，千萬不能犯鄭人買履的錯誤。
· 今天，只按教條辦事，鄭人買履的人還大有人在。

專心致志

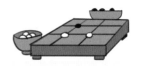

❶從前，有個棋藝高超的人名叫弈秋。他收了兩個徒弟。

我把平生所學傳給你們。

謝恩師！

❷弈秋專心傳授棋藝，為徒弟們進行細緻的講解。

要是有弓箭能射下大雁就好了。

❸一開始兩個徒弟都很認真。不久，屋外傳來一陣雁鳴，一個徒弟不再認真聽課了。

你倆對下一局。

好的。

❹弈秋把一切都看在眼裏。授課結束時，他準備考考兩個徒弟。

老師說得是！

學習時不專心致志，是學不好的。

❺專心聽講的徒弟棋藝不錯，而三心二意的徒弟下棋時手忙腳亂。

「專心致志」出自戰國時期孟軻的《孟子·告子上》。致：盡，極；志：意志。這個成語的意思是一心一意，集中精神。

知識積累

詞語天天學

近義詞 —— 聚精會神、全心全意
反義詞 —— 心不在焉、三心二意

名棋手弈秋

弈秋，春秋時期魯國人，他特別喜歡下圍棋，通過潛心研究終於成為當時下圍棋的第一高手。人們不知道他姓甚麼，只知道他名字中有「秋」字，因為他是下圍棋而出名的，所以人們都叫他弈秋。（「弈」在古代專指圍棋）

走馬觀花

❶唐朝時有個詩人叫孟郊。他在當地小有名氣。

❷可孟郊參加科舉考試一直很不順利。

❸孟郊不肯借助權勢，決定用真才實學叩開成功的大門。

❹四十六歲那年孟郊考中了進士。他高興極了，騎着馬在長安城裏盡情遊覽。

❺《登科後》這首詩中的「春風得意馬蹄疾，一日看盡長安花」成為了千古名句。

「走馬觀花」出自唐朝孟郊的《登科後》。這個成語的意思是騎在奔跑的馬上看花。原形容事情如意，心境愉快。現在常用來比喻大略地觀察一下。

知識積累

詞語天天學

近義詞 —— 蜻蜓點水
反義詞 —— 入木三分

造句示例

· 他去旅遊從來都是走馬觀花。

畫說經典：
孩子必讀的成語故事 下

責任編輯　楊　歌
版式設計　明　志
封面設計　李洛霖
排　　版　時　潔
印　　務　劉漢舉

出版
中華教育
香港北角英皇道 499 號北角工業大廈 1 樓 B
電話：(852) 2137 2338　傳真：(852) 2713 8202
電子郵件：Info@chunghwabook.com.hk
網址：http://www.chunghwabook.com.hk

發行
香港聯合書刊物流有限公司
香港新界大埔汀麗路 36 號
中華商務印刷大廈 3 字樓
電話：(852) 2150 2100　傳真：(852) 2407 3062
電子郵件：info@suplogistics.com.hk

印刷
美雅印刷製本有限公司
香港觀塘榮業街六號海濱工業大廈四樓 A 室

版次
2020 年 2 月第 1 版第 1 次印刷
©2020 中華教育

規格
32 開（195mm x 140mm）

ISBN
978-988-8674-88-6

本書中文繁體版本由湖南少年兒童出版社授權中華書局（香港）
有限公司，於中國內地以外地區發行。